赵宝泉 / 著 　　张 静 / 绘

哄哄你我就高兴了

湖南科学技术出版社

序

活明白才能活得好

"赵老师举栗子"开播一年多了,得到百万"粉丝"朋友的支持与喜爱,我满心感恩,对各位朋友的支持表示衷心感谢!

"赵老师举栗子"定位为"分享人生智慧",这也促使我自己更深入地思考人生。人的一生,就是一场修炼,是由懵懂到明白的过程。遗憾的是,很多人一生懵懂,虚度了美好人生。

人生是什么?是时间。时间像一个贼一样,跑得飞快,一晃人生已过了大半。问问自己,这一生活得咋样?自己满意吗?还有什么遗憾?大多数时候，觉得非常茫然：我是谁？我来这人世间一遭的目的是什么？我内心真正想要的是什么？

人这一生，最难的就是认识自己，最容易的是评价别人。

人的一生经常处在"一问三不知"状态：不知道"我是谁"，不知道"我在哪里"，不知道"我要到哪里去"。

心理学家卡耐基说："童年的懵懂可爱；少年的懵懂好笑；青年的懵懂不幸；中年的懵懂可叹；老年的懵懂可悲。"

人这一生，活得好不好，活得快不快乐，关键在于你是不是活明白了，是不是活得无怨无悔，是不是活得没有遗憾，是不是活得幸福快乐。

活明白的人生，才是美好人生。怎样才能活明白呢？活明白首先就是要认识自己。

"赵老师举栗子"就是帮大家认识自己、想明白、活明白。这一年多时间里，"赵老师举栗子"陪大家一起体悟人生，共享人生智慧，共度美好人生，才有了这300多期"举栗子"。

"一问三不知"是成长的代价，通透练达才是人生的财富。在"赵老师举栗子"开播一周年之际，赵老师精选了

88 个"栗子"①，做成一本口袋书，希望能让大家在"活明白"的人生旅途中有所启发。

感谢"粉丝"朋友对"赵老师举栗子"的关注、点赞、评论，大家的评论充满了智慧，一同丰富着"栗子库"。我选了 100 位"粉丝"朋友的评论，以"栗子说"的形式置于本书封面中，快把封面展开，看看有没有你的留言，一同感受"粉丝"朋友的智慧。

有"粉丝"朋友对赵老师的支持和鼓励，才有了这本书，这本书是大家集体智慧的结晶。有了"粉丝"朋友的陪伴，"赵老师举栗子"一定会在来日并不方长的岁月里，和大家一起活明白，更快乐！

赵玉亮

2022 年 7 月 24 日

---

①栗子：在此书中有双关寓意，其一为"例子"谐音词，指代赵老师在视频号中讲述的故事以及人生哲理；其二指代听赵老师讲"栗子"的"粉丝"朋友们。

目　录

伍

为人不惑

把自己当主角

141

肆

为人老铁

把关系当资源

105

叁

为人父母

把子女当朋友

075

贰

为人夫妻

把配偶当合伙人

037

壹

为人子女

把父母当用户

001

生而为人
感恩与爱同行

壹 为人子女

把父母当用户

　　人到世间，最直接面对的，是各种关系。人际关系的好坏，决定了一个人是否幸福。

　　生命本是一场偶遇，人最先面对的关系，是与父母的关系。

　　少时为人子女，活在父母的期望中，上苍给了天赋，后天自己努力，尽力活成父母心中的样子。

　　自己成了父母，父母也老了。不养儿不知父母恩，感恩之情也被唤醒，想起自己儿时父母的操劳，总觉得欠父母的，仿佛父母是自己最大的债主，孝敬是一生也还不完的债。

　　随着自己也慢慢老去，才渐渐明白，父母的需要很简单，他们最大的需要是"被需要"，来证明他们"还有用"；父母也需要"哄一哄"，因为他们已经回归孩童；父母有些话不肯直说，做子女的要仔细揣摩，帮父母完成心愿，是最有仪式感的孝敬。

孔子说，孝敬什么最难？色难。就是不给父母脸色看最难。

孝敬父母就是让他们以自己最舒服的方式生活，而不是将他们"绑架"到大城市来"享清福"。

想当孝子，首先把父母当用户。这话听起来不符合中国人的温情表达，可细想起来，能把父母当用户是相当高的待遇。用户什么待遇啊？有求必应。父母什么待遇啊？有空才应，甚至有空也不一定应。

更重要的是，要了解用户的最大需求是什么。父母最大的需求不是子女对他好，而是子女自己过得好。所以，孝敬父母最重要的，是你把自己的生活过好。

记住，为人子女的两大自我修养是：第一是让自己过得幸福，第二才是孝敬。而孝敬重点在"敬"，"敬"最难的是"色难"，是用心的陪伴。

你做到了吗？

赵老师，你是怎么哄你父母的？

　　有一次，父亲旅游时把相机弄丢了。我哄他说，旅行社会赔个新的。然后就偷偷买了个新的"赔"给他了。

　　小时候，父母哄我们，是爱；父母老了，哄哄他们，也是爱。

父母老了，哄哄他们

如同儿时，父母哄你

赵老师, 什么是被需要啊?

父母最怕自己"老了, 没用了"。

被需要就是让父母觉得自己"有用", 觉得你需要他们, 依赖他们。

你每天狂刷手机, 就是在刷存在感。父母的存在感, 就是被需要。

父母最大的需要
是被需要

赵老师，父母觉得自己不被需要了，会产生什么后果？

后果很严重，甚至会要命！这叫"哀莫大于心死"。要让父母感受到被需要，感受到存在的价值。

儿女不需要我们了

单位不需要我们了

……

关键是你还要不要自己

赵老师，父母忙了一辈子，让他们闲着享清福，不对吗？

我们搞过一个百岁老人的摄影展，发现百岁老人都有事情做，没听说哪个老人什么不做闲着享清福，能活过一百岁的。

所谓让父母闲着"享清福"

等于说"你老了、没用了"

赵老师，你说把父母当用户，听起来不太好呢。

子女能把父母当用户就不错了。用户什么待遇啊？有求必应。父母什么待遇啊？有空才应，甚至有空也不一定应。

父母这个用户最大的需求是什么？首先是子女生活幸福，其次是有空陪陪他们。

孝敬父母
先把父母当用户
了解父母要什么

赵老师，到底怎么才算孝敬父母啊？

看看"老"和"孝"字是怎么写的就知道了。

"老"字下面一把"刀"，说明人老了会过得很难。

"孝"字下面一个"子"，就是儿子背着老子。

只"养"不"敬"
养父母等同养马牛

赵老师，父母有什么想法，为什么不直说呢？

父母老了，心理变弱势了，有要求不敢提，更主要的是，他们怕给子女添麻烦。

做子女的，要仔细揣摩父母的想法，别让父母的遗憾，成为子女的遗憾。

父母说"你们都忙"
　　其实是说"我好想去"
父母说"我们很好"
　　其实是说"你快回来"

赵老师，我爸去体检，有些指标不正常，整天愁眉苦脸的，这可怎么办？

一个机器设备用了几十年，有点儿小毛病是正常的。

要学会和慢性病相处，为了一些不怎么重要的体检指标波动而愁眉苦脸，反倒会损害健康。

过度讲究健康，也是一种不健康。

健康

用出厂指标检验老设备
有合格的那才是怪事

赵老师，父母老是催婚，这可咋办呀？

结婚也是有时间窗口的，过了合适的时间，婚配概率就会大大降低。

不是父母在催婚，是时间在催你。

人生和种菜一样
时间不能错配

赵老师,什么是代沟啊?

　　代沟主要是观念上的不同,观念不同是因为经历不同。
　　社会发展越快,代沟就会越深,过去二十年一个代沟,现在三年一个代沟。
　　理解并尊重父母的习惯,也是一种孝敬。

代沟很深
用爱填平

赵老师，给父母买的水果，放坏了也舍不得吃。他们为什么会这样呢？

父母年轻时生活困难，苦的印记烙在骨子里了，很难改变。

对于父母的节俭，不要过多批评，尊重他们的节俭习惯，也是孝敬他们。

父母节俭过头，用心引导。万一引导不了，那就随他们吧。

你说窝头好吃
那是你没吃过
真正的窝头

赵老师，为什么现在说"父母老,不关机"呢?

现在大多子女和父母不住在一起，甚至不在一个城市，手机成了最便捷的联系工具，如同你和父母牵着的一根线，平时连着孤独，急时可能救命。

从前说："父母在，不远游。"现在是："父母老，不关机。"

手机是你年迈父母
　　最后一根救命稻草

赵老师，父母从乡下来看我，穿着棉布衣服，我觉得有点丢人。

你嫌弃父母的穿衣打扮老土，那你为什么不好好问一问，父母的钱，都花在了谁的身上？从小到大，你花了他们多少钱呢？

对待父母，感恩大于一切。

XX经理

狗不嫌家贫
子却嫌家穷

赵老师，为什么说，不要随便把父母接到身边？

有一个词，叫"老漂"。父母为子女操劳了一辈子，老了却为了子女开始过漂泊的生活。

你以为父母在老家很孤独，可是没想到，老人离开了熟悉的"老窝"更孤独。

爱父母，就让他们用自己最舒服的方式去生活。

可怜老漂一族
多是被孝敬"绑架"的

赵老师，孝敬父母什么最难？

孔子曾经对学生们说过，孝敬父母最难的是"色难"，就是不给父母脸色看最难。

很多年轻人有钱了，很容易做到给父母买车、买房，但是最难做到的，就是不给父母脸色看。

真正的孝顺，是随时都给父母好脸色。

最易的决定，是随心所欲
最难的修养，是和颜悦色

15

赵老师，我很想孝顺父母，就是不知道该怎么做。

用心琢磨父母的真实想法，帮他们实现梦想。

人生本是一场遗憾的艺术，了解父母的梦想，帮父母消除遗憾、实现梦想，才是最大的孝敬。

儿时的梦想
就是帮父母实现梦想

看你笑的样子
看你老的样子
看你照顾我的样子

 为 人 夫 妻

把配偶当合伙人

    两个没有血缘关系的人，却要在一起生活一辈子，这就注定了夫妻关系是天底下最难处理的关系。

    夫妻关系是人际关系的混合体。这一混合体包含了三种关系：合作关系、血缘关系、亲情关系。

    夫妻关系首先是一种互利互惠的合作关系。合作就要有契约，这契约就是结婚证。结婚证既是法律上的契约，也是心理上的契约。

    生物都有延续生命的本能，两个没有血缘关系的人为延续生命，制造了一个有共同血缘的产品，就是子女。子女这个共同的血缘将两个人拴在了一起。所以说，孩子是夫妻的黏合剂。

    通过共同的子女有了血缘关系，婚姻就已不是一个简单的合约。两个没有血缘关系的人，有了共同的血缘，加之生活久了，互相依赖，这时的婚姻关系也成了亲情关系，所以古代结婚叫"成亲"。

婚姻首先是合作关系，相当于两个合伙人，成立了一家股份公司。既然是成立公司，首先要进行资产评估，评估双方现实的和潜在的资产，包括家庭背景、经济状况、身体好坏、颜值高低、学历高低、发展预期，等等。进行过资产评估的婚姻，评估报告结果雷同，条件大体对等，就是"门当户对"。

婚姻是感情与物质的结合，大多数的感情都会被物质打败，所以有个说法：婚姻是爱情的坟墓。

公司是需要经营的，婚姻既然是成立公司，双方都是合伙人，都有义务经营好婚姻这个公司。有一句话说得好："那些没时间经营婚姻的人，迟早要腾出时间来离婚。"

最好的夫妻关系就是：你懂他的辛苦，他懂你的付出。夫妻不是敌人，不要想着征服压制对方，不要一味指责对方，不要总去争谁对谁错。家是讲爱的地方，不是讲理的地方。不要吵赢了架，却输了感情。夫妻之间，彼此包容，互相哄哄，就是爱。

夫妻和睦，是一个家庭最好的基石。

赵老师，我结婚 20 年，和爱人越来越没话说了，怎么办呀？

夫妻结婚久了，看似"没话说"了，心灵上却越来越默契了，说明你们的感情成熟了、可靠了，恭喜你！

夫妻关系的成熟标志，就是"没话说"。

夫妻对话三段论
　　婚前"好有话说"
婚后"有话好说"
　　最后"无话可说"

赵老师，我看很多夫妻，都很嫌弃对方，能说出对方无数缺点，甚至说得一无是处。

夫妻之间，优点，是供你享受的；缺点，才是让你忍受的。

夫妻相处最重要的诀窍是，放大对方的优点，包容对方的缺点。

她的缺点多得像星星
她的优点少得像太阳
太阳一出来
星星就看不见了

赵老师，我们两口子动不动就吵架，烦死了。

夫妻关系是最难相处的关系，两个没有血缘关系的人，要一起过一辈子，你说难不？

夫妻之间，不是谁征服谁，而是谁迁就谁。

都说"清官难断家务事"，家事无对错，只有和不和。

家和才能万事兴！

相互装傻、相互装瞎
相互护短
夫妻同心，黄土变金

有人说，握住情人的手，好像回到十八九；握住妻子的手，好像左手握右手。

赵老师怎么看？

左手握右手，是没感觉。但当有一天，左手流血了，右手一定会帮着止血。当有一天，左手痒痒了，右手一定会给挠挠。当有一天，左手提东西累了，右手一定会去帮忙分担。

左手拍右手，才能鼓出精彩的人生。

婚姻就像穿鞋子
外表光鲜是给别人看的
脚磨破了只有自己知道

赵老师，为什么夫妻吵架时，最容易说重话、说狠话呀？

因为他们了解彼此，每一句都能切中要点、戳中痛点，精准而残酷。

这一句句的重话、狠话，就像一把把刀子，狠狠地扎向对方。

叫一声老婆容易
叫到一声老婆子很难
说一句我爱你容易
只对一人说很难

赵老师，最好的夫妻关系是什么样啊？

你懂他的辛苦，他懂你的付出。夫妻不是敌人，不要想着征服压制对方，不要一味指责对方。家是讲爱的地方，不是讲理的地方。不要总去争谁对谁错，难得糊涂，才是大智慧。

夫妻吵架铁律
吵赢了架
输了感情

赵老师，到底什么是老伴？

老伴啊，就是你的另一条腿，想要走路，谁也离不开谁。

有一句话说得好："夫妻如筷，相互依赖。"

老酒最香，老伴最亲
夕阳无限好，越老越难分

赵老师，结婚之后，为什么觉得对方没有那么好了呢？

这种感觉很正常。

钱钟书先生说："不管你跟谁结婚，结婚以后，你总发现你娶的不是原来的人，而是换了另外一个。"

爱情是琴棋书画歌舞酒，婚姻却是柴米油盐酱醋茶。相爱是风花雪月，相处却是如履薄冰。

老婆是别人家的好
孩子是别人家的行
别人家的关你啥事

赵老师，夫妻之间什么是假包容？

　　就是明明很不高兴了，还要假装没事，给自己戴上一个面具。刚开始可能真没事，但久了就会受不了，然后一次性大爆发。

　　假包容，更可怕。

以诚相待是真谛
面具夫妻隐患多

赵老师，为什么说
"少来夫妻老来伴"？

只有经过多年的相处，才真正明白，夫妻那个伴，不是小伙伴，不是结个伴，而是互相珍惜、懂得理解、信任尊重、宽容忍让、不离不弃的陪伴。

人生最大的幸运，就是有个好伴侣。

生活是杯白开水
　伴侣就是糖
　有 TA 才甜

赵老师，我爱人经常偷看我的手机。人结婚了，还能有个人的小秘密吗？

夫妻之间，允许有自己的小秘密，但不能有对婚姻有威胁的小秘密。

偷看手机、动不动就怀疑猜忌，也是不可取的。

只有信任才能换来信任。

夫妻之间大事不坦诚
等于埋了不定时炸弹

赵老师，我爱人在外面，对人家温柔得像宠物猫，可一回到家就成了老虎，这是咋回事？

那是在释放压力。
她（他）在外面压力大，回到家放松了，释放压力，这要理解。

夫妻相处一大怪
　怀脾气留在家
好脾气留在外

赵老师，年轻时叫
"老公""老婆"，年纪大
了为什么叫"老伴"？

少来夫妻老来伴。

人的一生，陪伴你最久的人
是谁？

好好珍惜爱护你的老伴吧，
不要等哪一天你叫声"老伴"，
再没有回应的时候，痛哭流泪。

老伴是朋友
　　情谊最长久
老伴是知己
　　就 TA 最懂你

赵老师，都说两口子性格是互补的，是这样吗？

生活中，很多夫妻性格是互补的。

这叫缺什么，就补什么；缺什么，什么就是幸福。

两人取长补短，互相欣赏，更能减少冲突，其乐融融。

土豆和西红柿的缘分
就是薯条蘸着番茄酱

赵老师，夫妻之间，为什么要装傻呢？坦诚不更好吗？

恋爱中，是风花雪月，卿卿我我；婚姻中，是柴米油盐，磕磕碰碰。

如果两个人都不愿意"装傻"，什么事都要弄个究竟，搞个明白，那就没法过日子了。

"难得糊涂"是夫妻相处的大智慧。

婚前睁大双眼

装傻

婚后闭上一只

赵老师，为什么中国古代把结婚叫"成亲"？

人的一生，生活在一起时间最长的是夫妻。几十年在一个屋檐下生活，形成了相互依赖的关系，不但是生活上相互依赖，情感上也相互依赖，夫妻在一起久了，由年轻时的爱情慢慢变成了亲情。所以，把结婚叫"成亲"，是有深意的。

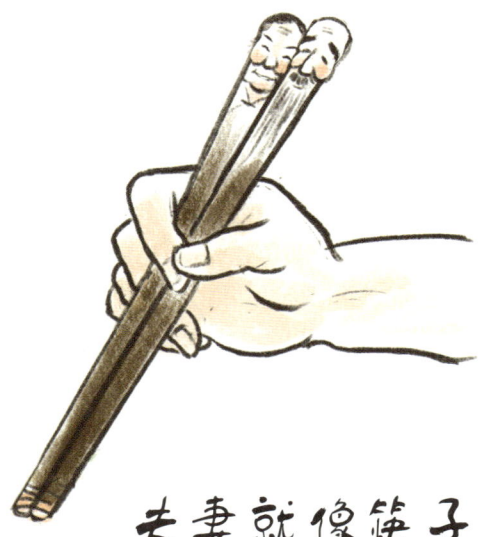

夫妻就像筷子
酸甜苦辣一起品
粗茶淡饭一起尝
少一个难用
丢一个不行

赵老师，都说"贫贱夫妻百事哀"，家里没钱，肯定不幸福。真是这样吗？

那可不一定！一家人在一起，和气最重要。现实生活中，钱多钱少和家庭幸福感并不是成正比的，有多少贫寒之家，其乐融融，有多少富裕人家，鸡飞狗跳。

和睦同心，便是最大的幸福。

钱多钱少，不重要
房大房小，不重要
人心疏离了
满汉全席也食之无味

一生只专心做好一件事

陪你慢慢长大

叁 为人父母

把子女当朋友

在中国，父母多认为子女是自己的私有物，父母有权利干涉，甚至决定子女的未来。父母和子女到底是什么关系？

诗人纪伯伦将父母与子女的关系写成了诗句：

你的子女／其实不是你的子女／他们是生命对于自身渴望而诞生的孩子／他们借助你来到这个世界／却非因你而来／他们陪伴你／却并不属于你

作家龙应台在名篇《目送》中，把父母与子女的关系，说得更透彻，甚至有些残酷："所谓父女母子一场，只不过意味着，你和他的缘分就是今生今世不断地在目送他的背影渐行渐远。你站在小路的这一端，看着他逐渐消失在小路转弯的地方，而且，他用背影默默地告诉你，不用追。"

其实，父母和子女的关系，是一种特殊的缘分。不同时期，父母和子女的关系也是不同的。儿童时期，父母是子女学习的榜样和生活的依靠，子女对父母依赖听话。青春期来临，父母和子女的关系开始失衡：孩子变得不那么言听计从了，有时甚至反抗父母，父母的权威受到挑战。进入大学阶段，父母的控制更是鞭长莫及，父母的影响力出现危机。到了中老年，子女成家立业了，和父母的关系也发生了天翻地覆的变化，甚至颠倒了过来。子女不但不听话了，甚至要求父母"要听话，别乱跑"，如同当年父母要求子女。

生于二十世纪五六十年代的人，更加面临前所未有的权威挑战：这代人的父母是很有权威的，而这代人当了父母，权威好像自然消失了，甚至很多时候父母怕得罪子女，活得小心翼翼。

父母越来越不像父母了。子女的自我意识强了，对父母的依赖少了，这虽是父母的无奈，却是社会的进步。

父母必须意识到并且一定要接受的现实是：孩子长大了，可以帮助但不要干涉他们的生活。

当今父母与子女的关系应该是：相互喜爱、相互尊重和偶尔相互忍耐。把子女当朋友，甚至当自己的兄弟姐妹，才能相亲相爱一家人。

再摆父母的架子，玩不下去啦。

赵老师，我感觉年纪大了，与子女相处得好，还挺难的。

关键是父母要想明白。

快乐老人报忠实读者童文宇老先生的"三个不"很有智慧：不主动和子女谈工作，不主动和子女谈孙辈的教育问题，尽量不给子女添麻烦。

总之，帮助但不要干涉子女的生活。

儿孙自有儿孙福

管多了，管出仇来

管出恨来

管得你自己不愉快

34

赵老师，子女成家了，还要不要管他们？

父母必须要明白的一件事就是，子女成家了，已经是另一家人了，人家有人家的过法，父母不要特别干涉，也不要说三道四。

父母家永远是子女的家
子女家却不是父母的家

想给女儿帮点忙，结果还帮成冤家了，气死我了！

老年人经常讲"想当年"，给年轻人"上课"，心理学家将这种现象称为"贡献的需求"。

但老经验也会过时，再加上老年人倚老卖老的说教口气，让年轻人很难接受。

所以说，好汉不提当年勇，倚老卖老要适度。

不打扰，不闯入
不指手画脚
生活如人饮水，冷暖自知

赵老师，父母和子女住在一起，互相照顾，不好吗？

古语说："远了香，近了臭。"

两代人住在一起，生活习惯不同，家庭观念不同，一定会有矛盾。一碗汤的距离最好，既拥有自己的空间，又不失亲密的距离。

过近的距离，让人压抑，甚至窒息。

最舒服的距离
是一碗汤的距离

最近有个热点话题是
"名校学生出国不回国"，
赵老师怎么看？

这说的是爱国问题。

　　但具体到家庭和个人，就是养老问题。子女出国留学不回来，虽然给世界贡献了一个人才，但对父母而言，往往意味着失去了子女，大多是晚景凄凉。

　　千万不要因为面子，牺牲了里子。

父母的虚荣
孩子的毒药

赵老师，中国父母大多对子女不放心，喜欢管子女的事，从而引发了不少的矛盾。

有些父母就是"子女控"，子女的事在自己控制下才放心，让子女活得很压抑。

这样的父母大多是费力不讨好！

我的建议是：不做控制型父母，给子女一些空间。

爱得太满
是场灾难

赵老师,我觉得现在父母与子女的关系完全颠覆了,乱套了。

为什么子女越来越不像子女,父母越来越不像父母了?

主要原因是,独生子女这代人更独立,更有主见,这不是坏事。

没有高高在上的父母权威,就和子女做朋友吧。

把父子(母女)关系变成朋友关系,甚至"兄弟(姐妹)"关系。

以前是子女怕父母
现在是父母怕子女

赵老师，因为疫情，两年没回家过年了，父母一定挺难受。

疫情让我们明白了生命的脆弱，金钱的无能，健康的无价，平安的可贵。

父母最大的愿望就是：你不论在哪里，健康平安就好。

父母在哪里，哪里就是家。

儿女什么时候回家
父母都是过年

赵老师，你怎么看待"啃老族"？

过去讲"养儿防老"，现在是"养老防儿"！

我提出父母和子女相处的一个理念："20年互不找麻烦"。父母从60岁到80岁，力争不生大病，不给子女添麻烦；子女努力工作，事业有成，生活幸福，不给父母找麻烦。

年轻人新族群真不少
啃老族、躺平族、蛰居族……
过去是养儿防老
　　现在是养老防儿

赵老师，孝敬父母，我真不知道从哪里做起。

父母老了，给钱，舍不得花，给他们买东西，却吃不动了。

我们对父母最有价值的只剩下两个字：陪伴。

我常说，给我妈1万块钱，不如陪我妈下盘跳棋。

人生最大的悲哀是
子欲养而亲不待

赵老师，怎么让儿女喜欢年老的我们呢？

少说"想当年"；少管闲事；用钱不抠门儿；生活独立，别老想着靠子女。

做到以上几点，你就是受欢迎的父母。

财聚则人散
财散则人聚

赵老师，我总想着给子女留点什么，留什么好呢？

要留就留健康！

否则，你躺在病床上抱着一堆存折，要儿女给你端屎端尿，儿女们会说："雇保姆吧！"因此，给子女最好的礼物，是自己的健康。

子女身体健康
是对父母最大的孝顺
父母身体健康
是对子女最好的支持

赵老师，有人说婆媳是"天敌"，这婆媳关系就好不了吗？

"天敌"也可以和谐共处啊！

婆媳关系要想好，婆婆的功劳少不了。

在一个幸福的家庭里，一定是先有好婆婆，再有好儿媳。

长辈做好了，晚辈才有榜样。

婆媳矛盾根源是
两个女人
争夺一个男人的心

你的生活

有了他们更加精彩

肆 为 人 老 铁

把关系当资源

　　读大学的时候，学校有个外教在中国多年，问及在中国最深的感受，他回答道："关系"。他说，"关系"是中国文化的集合，处理好"关系"，什么事情都能办好，处理不好"关系"，事事艰难。

　　其实，"关系"不光在中国重要，有人的地方，就有关系。只是中国历来是人情社会，"关系"显得更重要，更突出罢了。

　　人的一生要处理好三大关系。一是人和自然的关系。敬畏自然，保护自然，天人合一。

　　第二种关系是人与人的关系。人是群居动物，自然就产生了各种人际关系：家庭关系，同学关系，同事关系，合作关系，朋友关系……

　　人际关系的本质是相互需要，更深层的本质是价值交换。邱吉尔说过："没有永远的朋友，只有永远的利益。"这说的是国际关系，其实，人际关系也是如此。这也说明了为什么"穷在闹市无人问，富在深山有远亲"。

价值的交换，说穿了，就是相互利用。如果你看透彻这种价值交换，你的心理就成熟了。

人要处理的第三种关系是和自己的关系，这是一种更加重要的关系。

人和自己的关系分两个层次：一是和肉体的关系。身体是你的吗？是，又不是。听你支配，又不全听你的，它会生病，会衰老，会消亡。所以，必须对身体好一些。你对它好，它就对你好；你伤害它，它会让你难受。

二是与精神的关系。要控制好自己的情绪，不要跟自己过不去，放自己一马，与自己和解。情绪控制不好，会出问题，甚至会抑郁，会生病，会出意外。

所有的关系，都是你的资源。

只有把关系当资源，善于利用、整合关系资源，人生之路才能顺畅。

赵老师，为什么人长大了，就变得越来越复杂了呢？

我们每个人生下来都是一张白纸，却慢慢染上了太多不属于我们的颜色，带着厚厚的面具，掩盖着自己真实的想法。

你简单了，别人就简单了，世界就简单了。

什么叫不离不弃
什么是逢场作戏
时间比眼睛更会看人

47

赵老师，在中国，虽然是说尊师重教，为什么很多人却不愿意当老师呢？

那是他们不知道当老师有多么好！

老师喜欢讲话，善于表达，乐于培养人，这些都是好的"职业基因"。

你没发现你身边很多有成就的人都当过老师吗？

老师

职业基因可以传承
　不仅决定你的事业
还能影响你的家庭

赵老师，我都工作四年了，不喜欢现在的工作，也没干出什么成绩，好苦恼的。

我们这代人是"干一行，爱一行"，现在年轻人是"爱一行，干一行"。选择工作两个因素最重要：一是喜欢什么，二是擅长什么。两者一结合，就是你找工作的方向，千万不能把方向搞错了。

另外，进入一个行业，想要迅速成长，要找一个师父，既是学习的对象，也是未来发展的对标。

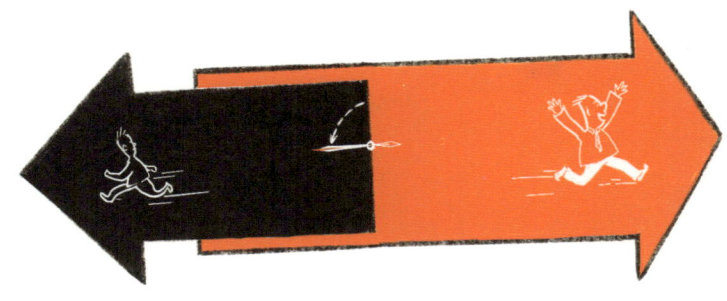

做事情方向最重要
方向错了
使的劲越大错得越远

赵老师，我们每个人都追求幸福，那幸福到底是什么？

幸福根本就不存在！

存在的是对幸福的感知，叫"幸福感"。感知幸福，也是一种能力。

还有一点，幸福和不幸都是比出来的。要想幸福，就要学会感知幸福，同时要清楚应该跟谁比。

你羡慕着
天边的玫瑰园
别人羡慕着
你窗下盛开的玫瑰

赵老师，朋友送了我一箱梨，吃不完咋办？

人生就像吃梨。

第一种吃法是：放着好的，吃烂的，结果最后吃了一箱烂梨子。

第二种吃法是：先吃好的，扔掉烂的，最后吃到了一箱好梨子。改变思维定势，天天能吃好梨。

想法决定活法
思路决定出路

赵老师，我经常心情不好，有什么办法吗？

都说人生在世，不如意者十之八九。

我们的心是一个容器，如果我们先把不如意的事情装满了，那么如意的事情就没有地方装了。

换个角度看
人生大不同

赵老师，我想出去旅游，我爱人老说等等，都等到我退休了，她还说等等。

这叫拖延症。

生命来来往往，来日并不方长，谁也不知道明天和意外哪个先来，很多事情可能一等，就等成了永远。

想要做什么就赶紧去做，不要给自己等来太多的遗憾！

人生是场遗憾的艺术。死而无憾，是人生至高追求。

人生都输给这个字

等、等、等……

赵老师，朋友之间，怎么处理债务关系？

不管什么年龄，和朋友相处，不要形成债务关系，正所谓"亲兄弟明算账"。

人情债很玄妙
欠得好,能增进关系
欠不好,会抹杀友谊

赵老师，怎么处理和亲戚朋友的关系？

距离可以产生美。

和任何人走得太近，都会是一场灾难。

哪怕是家人之间，孩子的小家庭你非要介入，老伴的信息天天查看，每天黏着他们没了自我，最终感情也会出现隔阂。

人际关系如刺猬
走得太近是灾难

赵老师，为什么越是自信的人，越容易上当受骗？

因为自信的人大都很优秀、很有成就，他们过于骄傲自满，容易不听劝说，也不愿接受自己判断有误的事实，上当受骗也不愿让别人知道，怕丢面子。

接受不完美
才是完美的开始

有一个小故事说，有一位挑担卖瓷碗的老人，一个瓷碗掉到地上摔碎了，老人头也不回。赵老师，你说这人是不是脑子有问题啊？

这个故事告诉我们：失去了，就要学着去接受，学着放下。

失去的东西
不会因你的留恋而回来
发生的事情
不会因你的悲伤而改变

赵老师，人生最需要什么样的朋友啊？

人生路上，要有几个这样的朋友相伴：真诚陪伴的朋友；傻得真实的朋友；能够懂你的朋友；幽默有趣的朋友；还有像赵老师这样，帮你补充正能量的朋友！

人生孤独，你有几个这样的朋友？

通讯录里的号码越来越多
可倾诉的朋友却越来越少

赵老师，我很在意别人的评价，活得很累。

你是自己长大的，又不是别人说大的！

你吃好喝好，管别人怎么说。

你玩好睡好，管别人怎么笑。

有很多人跟你过不去
不要再和自己过不去

赵老师，人活一世，到底什么是自己的？

爱人不是你的，子女不是你的，金钱不是你的。

只有你的身体，伴你走完人生的全部历程。

人生最大的错误，就是用健康换身外之物。

人活一世
只有身体是自己的
什么都能替你做
生病只能自己扛

赵老师，都说来日方长，怎么过才好呢？

　　人生百年，三万多天，来日并不方长，要学会享受。
　　用大海的胸怀面对，用科学的方法支配，用清新的空气洗肺，用灿烂的阳光晒被，用懒猫的心态安睡。

不要相信地久天长
因为来日并不方长

赵老师，有时候躺下来仔细想想，真不知道人生到底是为什么。

复杂的社会，看不透的人心，放不下的牵挂，经历不完的酸甜苦辣，走不完的坎坷，越不过的无奈。

忘不了的昨天，忙不完的今天，想不到的明天，最后不知道会消失在哪一天。这就是人生。

人生就是一场体验课，而且是不能回放的直播课。

明知道会死
还要努力活

坦然面对岁月冷暖

才是最好的修行

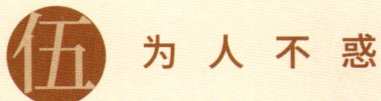

伍 为人不惑

把自己当主角

　　如果把人生比作剧本，人的前半生，基本上都是配角。

　　年少时为人子女，父母是无可争议的主角；进入工作岗位，面对领导和前辈，只能甘当配角；终于熬成了领导，还有更大的领导；结婚成家，总觉得配偶是主角，要包容对方，很多时候要配合对方；为人父母，孩子又成了主角，自己成了服务员，接送孩子上学，甚至租房陪"太子、公主"读书……

　　这大半生啊，总感觉一直在为别人活着，没为自己活过一天。如今，辛苦了大半辈子，要退休了，人生大戏也到了最后的压轴时段，当了一辈子配角，是不是也应该当一回主角了呢？是不是也应该为自己活一回了呢？

　　是该当一回主角了，是该为自己活一回了！

　　如何当主角呢？人到老年，是一个全新的阶段，人生进入倒计时,更应该活明白。只有弄清楚人生的几个根本问题,才能活明白,才能当好主角。

一、幸福是什么?幸福根本不存在!幸福就是一种感受,叫幸福感。幸福是你对生活的感知,幸福是一种心态。人都是活在自己的思想中,有个好的心态,才有快乐人生。

二、如何才能让人生无悔?研究表明,人临终时最大的感受是后悔和遗憾,后悔哪些事没做,遗憾哪些心愿没完成。

犹太人有一个理念就是:马上行动。想到了就马上去做,别让人生输在一个"等"字上,让人生少些遗憾。

三、什么时候的你最年轻?所谓年轻,不是一个绝对概念,而是一个相对概念。由于时间的不可逆,过一天,就年长一天。因此,今天的你最年轻!

四、钱是谁的?中国人最喜欢的一件事是,攒钱。你想过没有,你辛辛苦苦攒下的钱是谁的?谁花了,就是谁的。人最可悲的是:人在天堂,钱在银行。

弄明白了这四个问题,你就活明白了,就人生不惑了。

如果你已经退休了,切记:一定要践行"享老主义",富养自己,当好主角,做自己想做的事,见自己想见的人,过好你最年轻的每一天。

赵老师，有人说，老了更要过青年节，我有点"蒙圈"。

不管你年近花甲，还是"芳龄二八"，五四青年节都可以是你的节日。

因为我们活的不光是年龄，更是心态。

变化的是年龄
不老的是心态

赵老师，现在人的寿命都很长，退休后还要活几十年，怎么过才好呢？

退休生活是人生新阶段的开始。人退休后，离开了社会的主舞台，必须找到新支点。

首先，培养一个爱好，有了爱好，日子就有了盼头，生活就有了劲头。

其次，重建朋友圈。工作时的朋友圈解体了，必须重建朋友圈，把泛泛的朋友请出去，结几个志趣相投的好友，重新开始自己的快乐人生。

土豆拉一车
不如夜明珠一颗

赵老师，人这一生，最重要的人是谁？

父母生你养你，却会先离你而去，不能照顾你一辈子。

儿女孝顺你，却有自己的家庭和生活，不能一直陪在你身边。

真正陪伴你一生的人，只有你的那个TA。正所谓"秤杆离不开秤砣，老公离不开老婆"。

老人要有"三老"
　　知冷热的老伴
　　知心的老友
　　　　自己的老窝

赵老师，我退休了，怎么和朋友相处啊？

退休后，最好的关系是相处不累。

朋友，只要质量，不要数量，人生得一知己足矣！

把不喜欢的人
请出你的生活

赵老师，我们这代人节俭惯了，好东西舍不得用，真是想不开。

永远不要把好东西留到所谓"特别的一天"。

因为，你的每一天都是"特别的一天"。

把每一天都过成"特别的一天"，才是大智慧。

别把最好的留到最后
留着留着就成了遗憾

赵老师，我刚过50岁，就被别人称作"老年人"了，挺苦恼的。

所谓年轻，不是一个绝对概念，而是个相对概念。

你50岁了，遇到80岁的，还是小字辈。

昨天过去了，明天还没到来，今天才是你最年轻的一天。

时间不可逆
　昨天回不来
与其老想明天
　不如过好今天

赵老师，树老根多，人老话多。

我经常被子女嫌弃"唠叨"，挺不开心的。

不要难过！这个爱唠叨的习惯会让你更长寿！

唠叨减压，让心理更健康；多说话可以刺激大脑细胞，预防老年痴呆。千万不要觉得自己的唠叨是坏事，这其实是健康的体现。

爱唠叨的人更长寿
被唠叨的人装耳聋

赵老师，我总觉得自己老了，咋办？

"老"是一个相对概念。

总是觉得自己老了，也是一种病！

而且医生治不了，这种病叫"老癌"。这种病，只能自己治。

思想上不服老
行动上要服老

赵老师，我越老越舍不得花钱了，怕输钱，小麻将也不敢打了，乐趣也少了很多，这是不是病啊？

这还真是种病，叫"钱癌"。

有人一生赚钱、攒钱，就是不会花钱。

苛求自己，成全子女。对老人而言，学会花钱，比攒钱更重要。

钱少，你是钱的主人
钱多，你是钱的奴隶

71

赵老师，我退休两年了，感觉无所事事，茫然无措，这日子还长着呢，可咋过啊？

退休不提前做好规划，还真是大问题。

有报道说，上海退休阿姨林某花 30 万住五星级酒店两个月，两次抢金店，因为她觉得"生活太没意思了，想到监狱里生活"。她是患上了"离退休综合征"。

人的一生，从出生到上学、工作、结婚、生子，都是规划好了的，只有退休生活没有规划，要提前做好规划，让生活有目标，才能过得好。

离退休综合征很危险
找到新支点是关键

赵老师，我爸退休后慢慢变得跟小孩似的，动不动就生气，这可咋办呀？

生气是疾病的水和饭。

人越生气，疾病就吃得越多，长得越大。

如果总是快快乐乐的，人不但不长毛病，办事还顺利。

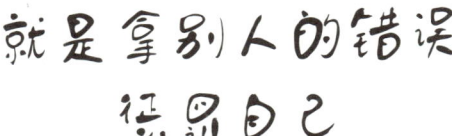

生气
就是拿别人的错误
惩罚自己

赵老师，有人说，年纪大了，要学会做减法，怎么减呀？

年轻时做加法，年纪大了，要学会做减法。

好的晚年，要学会扔掉三样东西：扔掉对名利的渴望；扔掉对子女的牵挂；扔掉对恩怨的纠结。

看开点、看淡点，舒心过好后半生。

退休两件事
培养一个爱好
重建一个朋友圈

赵老师,这上了岁数,身体出问题了,心理也出问题了,老觉得抬不起头来,这可咋办?

人上了岁数,心态最重要。
不向疾病低头,学会和疾病共处;
不向金钱低头,学会知足常乐;
不向皱纹低头,活得优雅体面;
不向年龄低头,保持一颗"不老心"。
头低下去了,人就会倒下。

少有少的潇洒
老有老的优雅

赵老师，最近有朋友找我借钱，数目还挺大的，我要借给他吗？

朋友借钱有三个原则：
非病非灾的钱不借；
投资理财的钱不借；
超出能力的钱不借。
借钱是情分，不借是本分。

借钱的时候当大爷
要钱的时候做孙子

赵老师，人老了，有时候感觉自己会犯傻，这是怎么回事？

人到老年，大脑退化，有时候，会犯傻犯糊涂。
但有两大傻可千万不能犯：忽视健康养生的傻不能犯；过于委屈自己的傻不能犯。

老了舍不得花
那才是真傻瓜

赵老师，我老伴退休了，还是像个领导样的，管这管那，到处惹人烦，这可咋办？

人到老年，退出了主舞台，要学会做一个安静的看客，站在局外看世界。

特别是不插手子女买房买车的事；不插手子女教育孩子的事；不插手别人家的闲事。

晚辈的事别插手
弄不好"隔代亲"
变成"隔代仇"

赵老师，我快退休了，一想到退休后还有几十年的时光，觉得很茫然。

一位智者说：现在人的寿命延长，退休后身体很好，面临一个"转业"的问题。

退休后有选择的自由，没有生存的压力，完全可以做一些自己喜欢的事，甚至成就新的事业，这就是一次"转业"。

三十而立
立的是事业家庭
六十而立
立的是志趣梦想

时间过得真快，一晃就年过半百了。

工作时觉得人际关系很累，年纪大了不想这么累了，赵老师有什么好办法吗？

放弃无效的社交，融不进的圈子就别硬挤，合不来的人，就不要勉强做朋友。

去懂你的人群中散步，快乐、自在。

该为自己活一回了。

自己喜欢的日子
　　就是最好的日子
自己喜欢的活法
　　就是最好的活法

赵老师，有人说退休是人生全新的阶段，我怎么觉得是人生的残值呢？

人生的每个阶段都是一个全新的开始，退休不但不是人生的残值，反倒是享受人生的黄金时期。

比有钱更重要的是，有花钱的时间。

前半生是别人生活的配角
后半生当自己生命的主角

赵老师，我是从企业退休的，退休金比同学少多了，很不开心。

人活着，别比钱多钱少，要比心情好不好。

有钱的未必脸上有微笑，没钱的未必日子过得不好。

调查显示，钱和幸福感，并不是完全成正比。

只要你能知足，就什么都不缺。

人老有三"童"
有颗童心
有份童真
有点童趣

赵老师，什么样的老人惹人爱？

健康的老人子女最爱；
德高的老人最受人敬；
有趣的老人最受欢迎；
包容的老人最有福气。
宽容、豁达、心态好，才能享受眼前福。

人生的每个阶段
都是一个全新的开始

赵老师，有人说，60岁到80岁，是人生的黄金阶段，你怎么看？

人生百年，以20年为界。

1～20岁，求学为主；20～40岁，事业为主；40～60岁，上有老，下有小，人生最忙碌；60岁以后，有钱有闲身体好，是享受人生的黄金时段。

少年是书的开头
结尾才是最精彩的
"压轴戏"

赵老师，我觉得中国老一辈人，只会攒钱，不会花钱，挺悲哀的。

有一个段子说，在天堂里，一个美国老人和一个中国老人相遇了，两个老人都如释重负。

美国老人说："我临死前，终于还完了房子的贷款。"

中国老人说："我临死前，终于攒够买房子的钱了！"

钱是谁的？谁花了，钱就是谁的。

人生最大的悲哀是
　　人在天堂钱在银行

赵老师，我爸七十多岁了，还像小孩一样，经常去搞些冒险的事，我好担心。

人年纪大了，该服老的要服老，凡事要量力而行。
年老逞能，后患无穷！

你又不是超人
为啥老想着挑救世界

赵老师，年过半百了，怎么过好下半生呢？

一定要学着对自己好点，该花的钱要花，该享受的要享受。

不和别人比名利，要比就比谁活得更健康快乐。

养老要靠自己，不要对儿女幻想太多。

会赚钱的
不如会花钱的
会赚钱是能力
会花钱是智慧

赵老师，都说富养女穷养儿，老了之后怎么养？

我发现大多数中国老人都在富养儿孙，穷养自己，这是本末倒置，大错特错！

对老人而言，富养自己才是不给子女添麻烦。

只有对自己好，生活才会对你好。老人富养自己，才是大智慧。

穷养自己富养儿

老来麻烦添一堆

后记

没想到与活明白

—— "栗子"是如何炒熟的

人的一生，总是有很多"没想到"。

小时候，我从来没想到长大后会当老师，可当年考上了山东师范大学，毕业后自然就当了老师。第二个是，没想到自己会与电视有缘。我大学教书四年，辞职出来，因我爱人看了电视台的招聘广告，我由此先后就职于湖南有线电视台、湖南电视台文体频道（现湖南电视台娱乐频道）。

有人说，两个偶然碰到一起，就成了必然。我的第三个没想到是，这两段"没想到"的经历结合在一起，结出了果实。这个果实叫"赵老师举栗子"。

我从业的快乐老人报做的新媒体主要是在微信生态里。2020年，微信推出了"视频号"，快乐老人报旗下的枫网马上进军视频号，做了一个视频号矩阵。

在视频号矩阵的规划中，枫网CEO潘善臻提出要有一个能代表新老人发声的"领衔主演"，一个综合类的号，作为新老人的代表，并画了一个图，然后开始"按图索骥"。

新老人视频号的"图"是这样画的——做这个号应当是一个具体的人，这个人要满足四个条件：一是形象尚可，二是能说会道，三是要有一定的水平，四是要"忠诚"。前三个条件找人已经不易，最难的是"忠诚"。在短视频领域，这种做出名了，就另立门户，甚至不惜赔重金单干的事件很多。这是最不可控的一条。

枫网"按图索骥"了几个月，一直没有找到合适的，最后有人想到了"赵老师"。

那这个号叫什么名字呢？原来想的名字很简单，比如"赵老师说""老赵说说"等，我觉得太平淡了，就发动大家想名字。时任快乐人生出版事务所总经理的曾鹏辉给想了三十几个谐音类名字，比如"赵此一说""赵实说""赵直说""红灯赵""赵得住""好赵头"等，感觉还不错，但总觉得差了点什么。

于是，我拿出在潇湘晨报工作时的法宝——开策划会。大家先看了我们拍的四个样片，一致认为，那个讲故事的最好，就是后来"赵老师举栗子"的第一期《父母也需要哄一哄》，觉得讲个小故事，再总结小哲理，更吸引人。

这就定了内容和形式的方向。

然后进入取名大讨论。大家纷纷发言，但没有一个人对哪个名字特别笃定的。最后，被我们称为"肖大师"的大湘网总编辑肖世峰一锤定了音。肖大师说："取名要好记好传播，有画面感。我建议就叫'赵老师举栗子'。'举栗子'在网络用语中就是'举例子'，每次讲的时候还可以举个栗子，有场景感，好传播。"

大家一致觉得"赵老师举栗子"这个名字好，名字就这样定下来了。又让我没想到的是，"赵老师举栗子"的内容与形式的发展和预先设计会大相径庭。这个视频最早的形式是讲一个小故事，从故事中总结人生哲理。比如第一期《父母也需要哄一哄》，讲的是我父母去张家界旅游，把相机给弄丢了，我告诉他们说，老人旅游，贵重物品丢失会赔的，然后买了个一模一样的相机，请当时的潇湘晨报总编室主任王冠华、深度报道部主任常乐装成旅行社的总经理和办公室主任，到我家给我父母"赔"相机。结论是：我们小时候，父母花很多的时间哄我们，那是对我们的爱；现在父母老了，我们花点时间哄哄他们，也是对他们最大的爱。

这种模式进行了三个月，主要是我自己找题材、写稿子，多是写我自己家里的事和身边朋友的事，朋友们也提供了不少素材，但每周三期，还是供不应求，冷热不均，有的故事好讲也好听，有的故事不好讲也不好听，有的听起来有些勉强。加之最初的视频号严格限制 1 分钟，超过 1 分钟视频就自动掐掉了。要想 1 分钟讲一个精彩的故事，还要总结出哲理，真不是一件容易的事。

这些困难都在枫网 CEO 潘老师的预料之中，他给我派来了枫网最大微信公众号"新老人"的编辑杨云帮我找题材、写稿子。杨云编辑"新老人"公众号 6 年，知道新老人最喜欢什么内容。她从那些阅读量 10 万 + 的稿子中选材，慢慢形成了现在每周三期的模式：一期讲夫妻关系，一期讲老年生活，一期讲人生哲理。这是一个重大变化，由讲一个故事，变成了直接讲人类情感和老年生活的内容，也不讲故事，不直接"举栗子"了。

"赵老师举栗子"的结束语也经历了几次变化。一开始是"我就是江湖中传说的赵老师，给你讲故事、举栗子"。后来湖南省民政厅副厅长杨薇说结束语太啰唆，在她的建议下，改成了"我是赵老师，给你举栗子"。做了几期，在视频号要求单次内容严格控制在 1 分钟的年月里，还是觉得长了，最后就改成了"同意的请点赞，欧了！"有"粉丝"朋友问：赵老师，你说的"欧了"是什么意思？我借此机会给大家一并回复："欧了"是一句流行的东北话，意思是"OK"或"OVER"，就是"好，结束"的意思。因为我从小在东北长大，对东北话比较熟悉，借用了小品演员小沈阳小品中的"欧了"，表示"好了，结束，回见！"

还有不少"粉丝"问我手中的栗子是什么做的。这也有一个发展过程。一开始，主创人员刘乔姿和刘新芝做了个纸牌子，上面印着"赵老师举栗子"，这是最早的样式。后来，我从网上买了几斤板栗，拿在手里，讲故事时说"给大家举个栗子"，那是真栗子。可栗子放的时间长了，就干了，就瘪了，甚至发霉变质了。后来，我的学生兼好友李旭斌非常有心，从北京专门给我买了两个木制的栗子，就是我现在手里举的栗子。

举栗子的"总设计师"潘老师说，视频出现爆款，就算立住了。"赵老师举栗子"的爆款出现在 2020 年 11 月 11 日，题目是《夫妻相处最重要的一句话》，播出不到一周，播放量就过了 100 万，很快过了 200 万。更大的爆款出现在 2020 年 12 月 30 日,《最好的夫妻关系就一句话,看哭百万人》播出三周,播放量超过 1 亿次,点赞量超过 500 万,留言超过 5 万条。现在这条视频播放量已经超过 3 亿次,点赞量超过 1300 万,留言超过了 10 万条。

人活一生,最重要的是什么呢?我觉得,活明白最重要。

遗憾的是,很多人却懵懂一生而不自知。

人生本来就是一次偶然的相遇。来的时候,没有人跟你商量过;走的时候,也不会有人征求你的意见。

那么,我是谁?我来人世一遭为了啥?难道就是为了辛苦一生撒手而去?

人生就是一场没有回程票的旅行,人生就是一场体验,人生就是一场修行。

人这一生,活得好不好,活得快不快乐,关键在于你是不是活明白了,是不是活得无怨无悔,是不是活得没有遗憾,是不是活得幸福快乐。

一个人如何能活得明白呢?就是要思考,要学习,要修行,特别是要多学习人生哲理,增长智慧,开启心智。

人生是一场无止境的修行,可能一句话,让人脑洞大开,受益终身。"赵老师举栗子"就是与"粉丝"朋友分享、探讨和思考人生哲理。

在"赵老师举栗子"一周年之际，把这一年里赵老师讲的精华结集出版成为一本口袋书，不企望这本小书能成为帮助大家快乐生活的"圣经"，只希望能让大家在"活明白"的人生旅途中有所启发。

孔子说："朝闻道，夕死可矣。"说明人的一生，活明白比什么都重要。活明白了，才没白来这世上一遭。

"赵老师举栗子"陪大家一起修炼人生，共享人生智慧，共度美好人生，一起活明白，更幸福，更快乐！

特别感谢"赵老师举栗子"的策划人潘善臻、肖世峰、何谷、刘勇、曾鹏辉；感谢制作人杨云、刘莎、刘乔姿、刘新芝；感谢本书的策划人周钢、何谷、粟东升；感谢中南出版传媒集团股份有限公司总经理丁双平、好友戴茵、许久文、徐易洵、隆国东、袁复生几位方家给予本书方向性的指导；感谢湖南科学技术出版社社长潘晓山、总编辑胡艳红、副社长凌伟、销售部主任童雯、营销部主任朱赛的支持与智慧；感谢本书的责任编辑邹莉的智慧和辛劳，让这本书一再得到提升；感谢我的同窗好友侯明生教授对本书文字把关和提出的建设性意见；特别感谢漫画家张静老师和设计师毛木老师，让这本书灵气活现、精致美好。

　　感谢作家彭国梁老师赐予书名，这也是一个"没想到"：胡艳红总编辑约多年未见的作家霍红和"彭胡子"小聚，我说，要榨取一下作家的智慧。"彭胡子"灵光一现，脱口而出，给起了这个书名。彭老师说，"哄哄"是大智慧，明白了"哄哄"，就明白了人生的大半。这个书名还有一个灵动之处，就是有多种断句读法："哄哄你我就高兴了""哄哄你我，就高兴了""哄哄你，我就高兴了""哄哄，你我就高兴了"。

　　最后要特别感谢所有支持赵老师的"粉丝"朋友，是你们让"赵老师举栗子"这个视频号丰满起来，成了一个智慧的宝库，这本书，也是你们智慧的结晶。

2022 年 7 月 24 日

图书在版编目（CIP）数据

哄哄你我就高兴了 / 赵宝泉著. — 长沙：湖南科学技术出版社，2022.10

ISBN 978-7-5710-1798-9

Ⅰ. ①哄… Ⅱ. ①赵… Ⅲ. ①人生哲学－通俗读物Ⅳ.①B821-49

中国版本图书馆 CIP 数据核字(2022)第 168006 号

HONGHONG NI WO JIU GAOXING LE

哄哄你我就高兴了

著　　者：赵宝泉
出 版 人：潘晓山
责任编辑：邹　莉
出版发行：湖南科学技术出版社
社　　址：长沙市芙蓉中路一段 416 号泊富国际金融中心
网　　址：http://www.hnstp.com
湖南科学技术出版社天猫旗舰店网址：
　　　　　http://hnkjcbs.tmall.com
邮购联系：0731-84375808
印　　刷：湖南省众鑫印务有限公司
　　　　（印装质量问题请直接与本厂联系）
厂　　址：湖南省长沙县榔梨街道梨江大道 20 号
邮　　编：410100
版　　次：2022 年 10 月第 1 版
印　　次：2022 年 10 月第 1 次印刷
开　　本：787mm×1092mm　1/32
印　　张：6.75
字　　数：129 千字
书　　号：ISBN 978-7-5710-1798-9
定　　价：58.00 元